企业特殊作业

管理手册

黄啸 编著

中国石化出版社
·北京·

图书在版编目（CIP）数据

企业特殊作业管理手册 / 黄啸编著 . -- 北京：中国石化出版社，2025. 8. --ISBN 978-7-5114-8078-1

Ⅰ. X931-62

中国国家版本馆 CIP 数据核字第 20254WF864 号

中国石化出版社出版发行

地址：北京市东城区安定门外大街 58 号

邮编：100011　电话：(010)57512500

发行部电话：(010)57512575

http：//www.sinopec-press.com

E-mail：press@sinopec.com

河北宝昌佳彩印刷有限公司印刷

全国各地新华书店经销

*

710 毫米 ×1000 毫米 16 开本 5 印张 82 千字

2025 年 8 月第 1 版　2025 年 8 月第 1 次印刷

定价：40.00 元

CONTENTS 目录

第4章

第5章

一张薄薄的特殊作业许可票证，往往是守护生命的“终极防线”。它不仅是作业许可的凭证，更是一套严密的流程控制体系，确保每个环节的风险都被识别、评估和管控。

第1章

特殊作业管理概述

1.1　特殊作业的定义与范畴

1.1.1　基本定义

特殊作业（Special Work）指企业生产经营活动中，因作业环境复杂、工艺风险高、操作难度大或存在不可控能量释放等因素，可能导致严重人身伤害、设备损坏或环境事故的非日常性、高风险作业活动。其核心特征包括：

高风险性：作业过程中存在火灾、爆炸、中毒、窒息、坠落、触电等重大风险。

非常规性：非日常重复性操作，需经过专项审批和管控。

动态管控需求：作业条件可能随时变化，需实时监测和调整措施。

1.1.2　法规依据

《危险化学品企业特殊作业安全规范》（GB 30871—2022）明确了 8 大类特殊

作业。

（1）动火作业

在直接或间接产生明火的工艺设施以外的禁火区内从事可能产生火焰、火花或炽热表面的非常规作业。包括使用电焊、气焊（割）、喷灯、电钻、砂轮、喷砂机等进行的作业。

（2）受限空间作业

进出受限，通风不良，可能存在易燃易爆、有毒有害物质或缺氧，对进入人员的身体健康和生命安全构成威胁的封闭、半封闭设施及场所。包括反应器、塔、釜、槽、罐、炉膛、锅筒、管道以及地下室、窨井、坑（池）、管沟或其他封闭、半封闭场所。

（3）高处作业

在距坠落基准面 2m 及 2m 以上有可能坠落的高处进行的作业。（坠落基准面是指坠落处最低点的水平面。）

（4）吊装作业

利用各种吊装机具将设备、工件、器具、材料等吊起，使其发生位置变化的作业。

（5）临时用电作业

在正式运行的电源上所接的非永久性用电。

（6）盲板抽堵作业

在设备、管道上安装或拆卸盲板的作业。

（7）动土作业

挖土、打桩、钻探、坑探、地锚入土深度在 0.5m 以上；使用推土机、压路机等施工机械进行填土或平整场地等可能对地下隐蔽设施产生影响的作业。

（8）断路作业

生产区域内，交通主、支路与车间引道上进行工程施工、吊装、吊运等各种影响正常交通的作业。

美国职业安全与健康管理局（OSHA）通过 29 CFR（联邦法规）对高风险作业进行界定，虽未直接使用“特殊作业”一词，但通过相关作业类别同样明确了管控范围。

29 CFR（联邦法规）高风险作业管控类别

作业类型	法规条款	定义与范围
密闭空间作业	29 CFR 1910.146	进入存在危险气体、缺氧或可能吞没人员的封闭空间（如储罐、地下管道）
高空作业	29 CFR 1926.501	在坠落高度≥ 1.8m（6ft）的开放侧边缘作业（如屋顶施工、钢结构安装）
动火作业	29 CFR 1910.252	涉及明火、火花或高温的作业（焊接、切割等），可能引燃可燃物
电气作业	29 CFR 1910.331–335	带电或接近带电设备的作业（如配电柜维修），存在触电或电弧灼伤风险
能量控制（LOTO）	29 CFR 1910.147	对设备进行维修时需隔离能量源（电力、液压、气动等），防止意外启动
吊装与起重作业	29 CFR 1926.1400	使用起重机、吊车等设备进行重物搬运，需防止吊物坠落或设备倾覆
挖掘作业	29 CFR 1926 Subpart P	开挖深度≥ 1.2m（4ft）的沟槽或基坑，存在塌方或地下设施损坏风险

综上所述，GB 30871—2022 与 OSHA 在特殊作业管理上的共同点及核心目标可概括为：两者均以风险防控为核心，通过系统化管控（如作业许可、风险评估、防护措施）和责任落实（雇主 / 企业主体责任、员工参与），旨在预防火灾、爆炸、中毒、坠落等高危事故，保障人员安全与生产连续性。尽管 GB 30871—2022 侧重化工行业的标准化审批流程（如八大作业分级），OSHA 强调跨行业的雇主法定义务（如 LOTO 程序），但其本质目标一致——通过技术规范与管理机制的协同，构建“事前预防、事中控制、事后应急”的全链条安全屏障，降低作业风险至可接受范围，实现安全生产的可持续管理。

1.2 特殊作业的风险特征、传导机制及防控逻辑

特殊作业的风险特征主要表现为多样性、动态性、叠加性及高后果性，具体可从以下维度解析。

1.2.1 普遍性风险特征

（1）高风险介质交互

涉及易燃易爆（如氢气、苯类）、有毒有害（如硫化氢、一氧化碳）、腐蚀性（如强酸）物质，泄漏或反应失控易引发连锁事故。

案例：化工储罐动火时残留物料挥发，遇火花引发爆炸。

（2）能量意外释放

机械能（吊装重物坠落）、电能（临时线路短路）、热能（高温设备表面接触）、化学能（反应失控）等非预期释放导致伤害。

典型场景：吊装作业中钢丝绳断裂导致重物坠落。

（3）环境条件制约

受限空间缺氧（氧含量 $<19.5\%$）、高处强风（风速 $>12m/s$ 停止作业）、地下作业塌方等环境因素加剧风险。

数据：60% 的受限空间事故因未检测氧含量引发窒息。

1.2.2 风险传导机制

（1）人为因素主导（占比事故原因 70% 以上）

行为性风险：无证操作、监护脱岗、简化流程（如动火前未隔离）。

管理性风险：培训缺失（如员工未掌握气体分析的正确操作方法）、审批流

于形式。

（2）设备与环境耦合

工具缺陷（如防爆设备不达标）叠加恶劣环境（如雷雨天气临时用电），风险倍增。

案例：非防爆灯具在油气区使用，遇泄漏燃气引发爆炸。

（3）动态变化性

作业条件实时变化（如受限空间内气体浓度波动），需持续监测与干预。

1.2.3　风险防控逻辑

（1）本质安全设计

优先消除风险（如用冷切割替代动火作业）。

（2）冗余防护

多重屏障控制（如动火作业“隔离 + 检测 + 监护”三保险）。

（3）实时响应

采用智能监控（如受限空间内无线气体探测 + 自动报警、空间内便携式视频监控系统在线实时监控 + 行为算法程序）。

特殊作业的风险管理需结合作业类型特性、行业场景、动态变量，构建“预防 – 控制 – 应急”全链条体系，避免因单一措施失效导致事故升级。

1.3　特殊作业的风险传导机制（人、机、环、管四维度）

特殊作业的风险传导机制可通过人、机、环、管四维度系统解析，各维度相互作用形成风险链条，具体概括如下：

（1）人（Human）——风险触发核心

核心问题：操作失误（无证作业、违章指挥）、技能不足（误判风险）、安全意识薄弱（忽视防护）。

传导路径：人员行为失误 → 能量意外释放 / 危险暴露 → 直接引发事故。

典型场景：动火作业未隔离可燃物（人为简化流程）→ 火花引燃泄漏物料 → 火灾爆炸。

（2）机（Machine）——风险放大载体

核心问题：设备缺陷（老化、设计不合理）、工具不匹配（非防爆设备用于易燃环境）、维护缺失（吊具磨损未更换）。

传导路径：设备失效 → 防护屏障崩溃 → 事故后果升级。

典型场景：起重机钢丝绳断裂（超期未检测）→ 吊物坠落砸伤人员 → 伤亡 + 生产中断。

（3）环（Environment）——风险催化条件

核心问题：恶劣天气（大风、暴雨）、有毒气体积聚（受限空间缺氧）、物理空间限制（高空、狭窄区域）。

传导路径：环境恶化 → 限制人员响应能力 → 加剧事故严重性。

典型场景：地下污水池作业未通风（环境缺氧）→ 人员窒息后救援困难 → 多人中毒死亡。

（4）管（Management）——风险失控根源

核心问题：制度漏洞（许可审批流于形式）、培训缺失（员工不懂应急程序）、责任不清（多部门推诿）。

传导路径：管理失效 → 风险管控措施未落实 → 系统性失守。

典型场景：高处作业未验收脚手架（管理缺位）→ 结构坍塌 → 群体坠落伤亡。

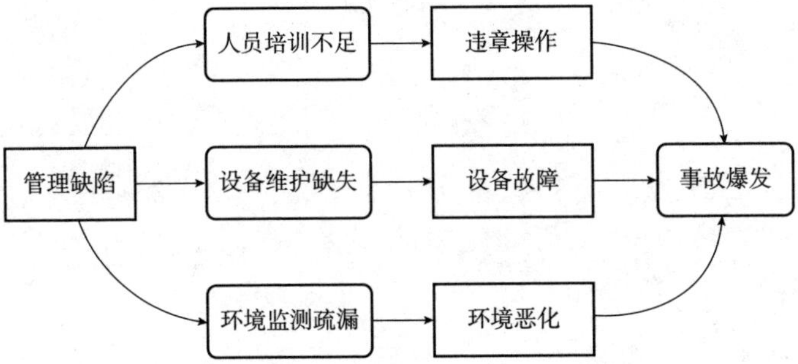

风险传导机制

核心价值如下：

风险兜底：强制多部门联合审查，避免“拍脑袋”作业；

责任追溯：明确申请人、审批人、监护人的法律责任；

文化落地：通过标准化流程，强化全员安全习惯。

第2章 管理组织架构设计

2.1 企业三级责任体系

针对企业特殊作业管理的三级责任体系设计框架，结合实战需求明确各层级职责与衔接机制，确保责任穿透至基层。

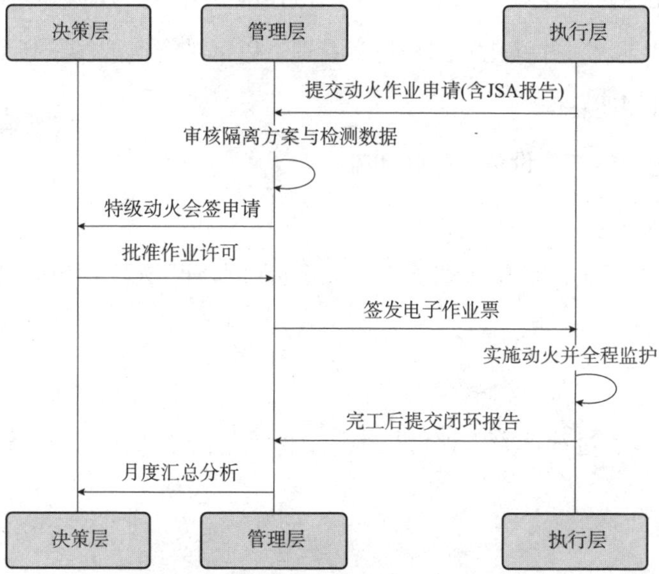

特殊作业管理的三级责任体系流程

企业特殊作业三级责任体系

层级	责任主体	核心职责	关键工作内容
一级：决策层	企业主要负责人 （董事长 / 总经理）	战略决策与资源保障	审批年度特殊作业安全预算； 签发企业级特殊作业管理制度； 任命安全总监并授权审批特级动火等高危作业
二级：管理层	安全管理部门 生产 / 设备部门负责人	制度执行与过程监管	制定作业许可流程与应急预案； 组织 JSA 风险评估与分级管控； 监督承包商资质审核与现场合规性检查
三级：执行层	作业班组 现场监护人员	现场实施与风险控制	落实作业前安全交底与防护措施（如气体检测、能量隔离）； 实时监控作业条件变化（如风速、气体浓度）； 制止违章操作并启动应急响应

2.2　多部门协同机制

为确保企业特殊作业管理中的多部门协作高效落地，需建立安全、生产、设备部门的联动流程，并强化外部承包商管理。以下结合实战场景与工具模板设计要点进行详细说明：

实施安全、生产、设备部门联动流程。

核心原则：

“谁主管谁牵头，谁作业谁负责，谁审批谁监管”，实现风险共担、信息共享、资源统筹。

管理原则：

“准入严审、过程严管、评价严考”，将承包商纳入企业安全管理体系，实施等同管理。

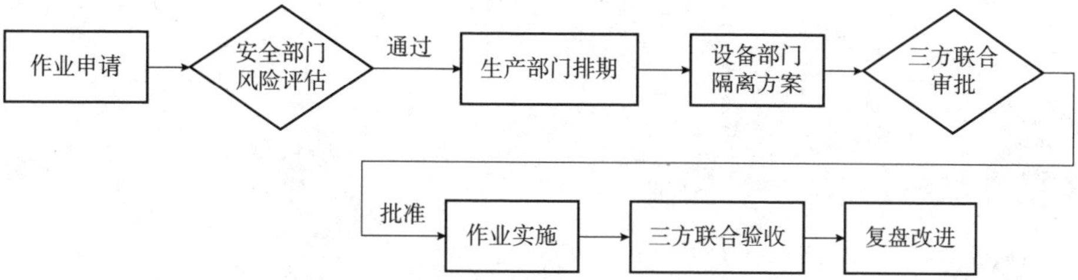

多部门协同机制

通过多部门协同机制，企业可打破“孤岛效应”，实现特殊作业的全流程无缝衔接，建议配套数字化协同平台（如 OA、企业微信微盘）固化流程，确保责任可追溯、效率可量化。

第3章

管理制度与流程

3.1 目的

（1）控制非常规活动的风险，保护人员和设施安全。

（2）保证相关人员相互之间能有效地沟通。

（3）遵守法律法规的要求。

3.2 制度体系与作业许可管理

建立涵盖动火、受限空间、吊装、高处、临时用电、盲板抽堵、动土、断路等八大特殊作业的安全管理制度体系。该体系须明确作业许可范围界定、作业安全分析（Job Safety Analysis，JSA）实施规程、安全交底程序、监护管理机制、票证许可核销流程及监督考核机制等内容。对于复合型（交叉作业）作业项目，应遵循“多重许可”原则，同时执行相关作业许可要求，并采用其中最严格的风险管控措施作为其管控标准。

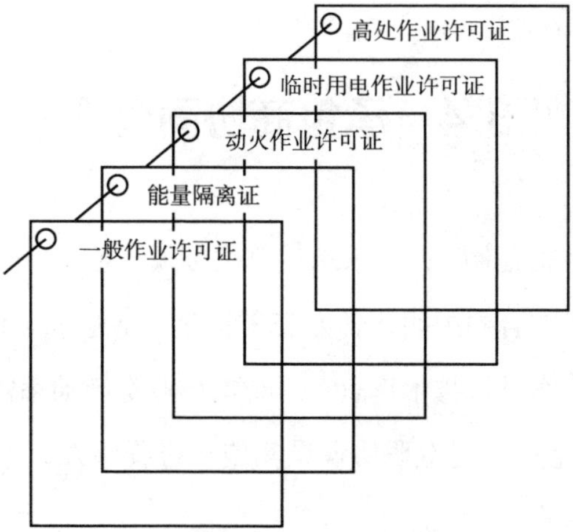

多重许可原则示意

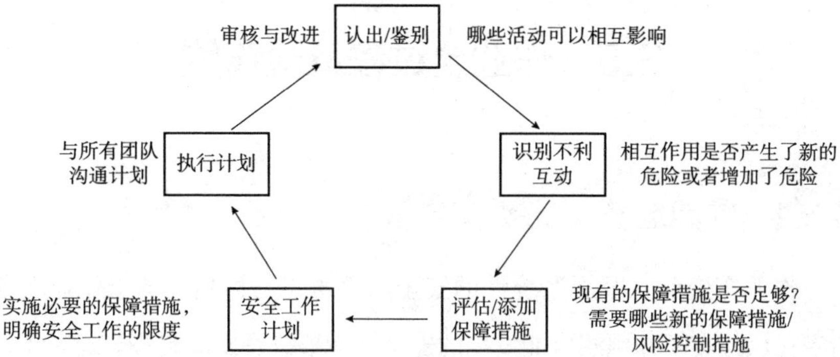

交叉作业风险控制流程

3.3　责任体系与审批机制

遵循“业务安全一体化”“风险最有利管控”原则，建立“审批负责制”管理体系。通过岗位责任清单明确作业申请人员、审核人员、审批人员、监护人员的具体职责，按照专业特性制定风险防控措施实施规范。各级管理人员须严格履行“谁牵头谁负责、谁签字谁负责、谁审批谁负责”的岗位责任。

3.4 承包商协同管理

实行“发包主体责任制”，要求承包单位必须具备相应安全生产资质。签订专项安全生产协议或在合同中明确各方安全职责，建立“双审核”机制：发包方应对承包方的作业方案进行技术审查，对现场作业实施动态监管。交叉作业实行“统一指挥制”，由企业指定专职协调员实施全过程管控，严格执行交叉作业风险辨识与分级防控措施。

3.5 作业全过程风险管控

3.5.1 前期准备

（1）作业实施前须开展系统性的安全风险辨识与评估，基于作业场景全要素分析潜在风险类型并预测可能发生的安全风险事故及发展趋势。通过工程技术控制、管理制度优化及个体防护装备（PPE）配置等措施多维度构建风险防控体系，明确工艺处置、能量隔离及劳动防护等专项措施的落实主体与验证标准，并将关键控制指标纳入作业许可审批的重要关注点。

（2）针对含能设备系统，应建立基于能量流分析的双重隔离机制。涉及压力容器、管线启闭作业时，须严格执行“排空－隔离－清洗－置换”四步工艺处理规程，并采用盲板隔离等物理阻断方式确保能量隔离可靠性（禁止用阀门代替盲板）。

（3）实施三级安全培训体系，培训内容涵盖作业风险矩阵及控制措施、EHS管理体系要求、应急处置预案、工程特征参数、职业健康防护标准等核心要素。

培训对象须完成考核评估，并通过签署培训确认文件，建立可追溯的培训档案（一人一档）。

（4）建立基于 JSA 的安全交底制度，交底责任人应由属地单位生产主管或专业技术负责人担任。交底内容须明确危险源分布、安全操作阈值及应急响应程序，并组织作业人员实地踏勘作业环境。交底双方需签署具体的任务安全风险确认文件，该程序不得与安全教育相互替代。

（5）特种作业人员须持有对应工种的有效操作资格证书，且其职业禁忌证须符合《职业禁忌证界定导则》（GBZ/T 260—2014）的医学排除标准。同时开展动态的资质审查机制，严禁未持证或证照失效人员参与相关须持证上岗的作业。

3.5.2　过程控制

（1）实行分级监护制度，监护人员须通过公司 EHS 部门的资质认证（监护人培训上岗机制）。优选具有丰富作业经验的一线操作骨干或技术人员担任，佩戴标准化身份标识。对高危险性作业（如一级动火、受限空间等），实施“属地 + 承包方”双监护模式。监护人员须全程实施在位监护，临时离岗应执行作业许可中止程序。

作业中断超过 30min 需重新进行气体检测。特殊作业监护记录应包含时间及定位信息，纳入作业过程追溯体系。

（2）执行个体防护装备（PPE）双核查机制，作业人员除自主检查外，还须经专职安全员进行装备气密性、完整性复核。对涉及特种设备的工器具，实施“三证一检”管理制度（产品合格证、检验报告、使用许可证 + 入场前复检）。

（3）作业前应配备符合现场特殊作业需求的应急救援物资或消气防设施，满足作业现场应急需求。

（4）实施安全措施清单式验证，监护人需按“检查 – 确认 – 双签”流程逐项核验，满足标准访客准许作业。

3.5.3　应急与变更控制

（1）建立“三区联动”应急响应机制（作业区－控制室－应急指挥中心），现场发生危险，可能危及作业人员人身安全时应立即停止作业，撤离人员，并通知相关单位及人员，启动应急预案。

（2）作业参数变更超限时，包括但不限于作业内容、作业范围、作业地点、作业许可证有效期限，或工艺条件、作业条件、作业环境、作业方式改变导致现场作业项目风险防控措施出现缺陷、失效的，应重新办理作业许可证。

3.5.4　完工与验收

（1）组建由作业负责人、项目负责人、属地负责人、EHS 负责人等组成的联合验收组。该验收组需确认无遗留安全隐患后，方可进行完工验收，并完成作业许可证的关闭与存档。

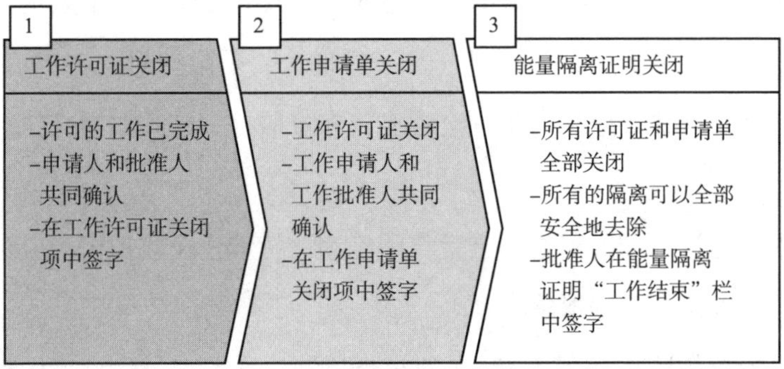

工作许可证的关闭（参考机制）

（2）作业完成后，必须立即对现场进行全面清理，有序撤离所有工具设备，彻底清除作业产生的废料、杂物、垃圾及油污残留；必须完整恢复作业区域原貌，重点确保因作业需要临时拆移的安全防护设施恢复原有防护效能。

在工厂，从一般员工到承包商都必须执行。

记住：特殊作业工作许可票证是管控风险的工具。

第4章

识别潜在的安全风险及后果

4.1 风险管理

4.1.1 作业安全分析

（1）作业安全分析（Job Safety Analysis，JSA）是一个程序，它能够使用认可的安全健康原理来帮助解决现场实际安全问题。需优先考虑如下因素（任务）来决定是否需要一个 JSA：

★具有高风险和较容易发生事故的任务。

★可能导致严重的人身伤害或职业病的任务。

★新开始的任务，或不常进行的工作。

★工作顺序或工作情况发生改变的任务（须重新审核 JSA 的适用性，并根据需要进行修改）。

作业前对每个作业步骤进行风险分析并采取相应措施是特殊作业审批前不可缺少的一个条件。

坚持无 JSA，无作业许可。

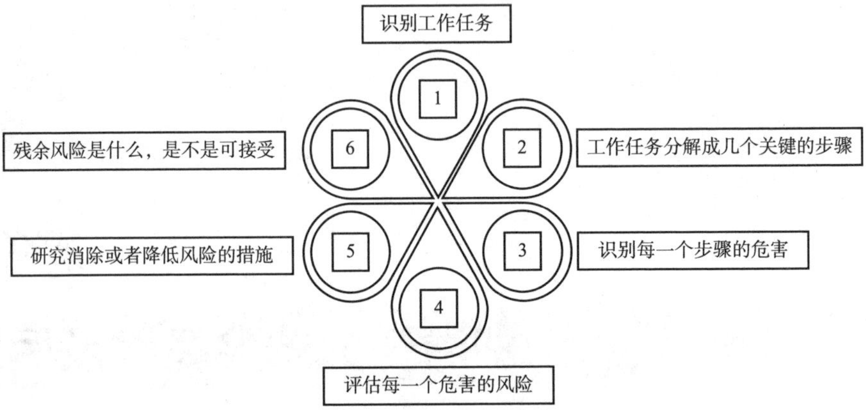

JSA 通用型步骤参考图

（2）JSA 是基本工具，可用于识别与现场活动相关的隐患、评估风险级别并判断该实施何种适当的控制措施。

（3）项目发包部门、作业部门（包括承包商及分包商）、属地部门、EHS 部门等相关参与人员，必须尽责地识别工作场所的安全风险与隐患，进行风险评估，并采取一切合理可行的措施，确保工作场所所有人员的安全。

（4）风险评估应当由跨领域小组执行，该小组对相关工作要有充分了解。必要时，小组的成员应当包括管理层人员、项目设计工程师、技术人员、监护人员、EHS 人员以及其他相关员工。

（5）隐患识别和风险评估结果应当定期审查，以确保其有效性与适用性。此外，在工作场所活动发生重大变动或发生事故或未遂事故后，必须重新进行审查。

（6）风险管理涉及识别隐患、评估风险、实施适当的控制措施、监控并审查这些措施的有效性。

（7）隐患识别是指识别可能对员工造成伤害的工作流程、活动或状况，例如，员工在高楼边缘工作却未设置防护围栏。

（8）必须识别人员（包括作业区域外的通行 / 工作人员）因工作可能面临的所有隐患。隐患识别必须在工作开始之前进行，或在计划工作制度变更或工作制度实际发生变更时进行。

示例：

构成高空坠落风险的工作环境：

●…升高的地面，如斜坡；

●…湿滑地面（潮湿、油滑、满是尘垢或光滑的地面）；

●…不平坦地面（如凹凸不平的地面或齿形屋顶板）；

●…狭窄的工作范围；

●…凌乱的工作区（如充满散乱的工具、工作材料和碎片）；

●…员工在恶劣天气中工作，如下雨、强风或大风，极热，极冷或高度潮湿的环境；

●…未加防护的边缘；

●…必须人工搬运的建筑材料、大型工具或设备；

●…工作台超载，可能造成坍塌；

●…被移动物体或设备撞击，如起重作业时的重物。

有各种方式可用于识别坠落隐患或情况，一般应考虑以下方面：

★工作场所以往的受伤事故与类似事故、“坠落未遂”事故或坠落意外。

★有关行为准则或指导说明。

★向有关人员查询高空工作时可能面临的风险。有关人员应当包括安全与卫生人员、督工、工程师及技术人员和员工。

★对工作场所进行步行巡查；通过检查其他记录或统计资料，发现潜在的不安全工作行为。

（9）隐患识别流程或程序可包括简便的专用设备（如梯子或防坠系统）检查清单及对一组相关的工作流程进行较为全面的评估。通常，几种方法结合使用最为有效。

（10）工作风险评估是对事故发生的可能性及其潜在后果（即损害或伤害程度）进行评估，据此确定风险等级。评估结果用于确定风险优先级，以便对风险较高的危险状况优先采取控制措施。

（11）风险评估应当提供以下关键信息：

★暴露人员：可能面临风险的员工人数及其所在位置。

★可能性评估：在考虑现有控制措施的前提下，事故发生的概率。

★严重性评估：潜在的伤害严重程度。评估严重性时，不得考虑现有的控制措施。

（12）在评估风险后，必须采取合理可行的措施，以降低风险或将风险保持在可接受的水平。如风险评定为高或不可接受，则不得开始工作。

（13）风险评估结果必须获得相应管理层的批准与支持。控制措施应当在可行范围内尽快实施。评定为高风险水平的要给予优先处理。

（14）应当制订行动计划来实施控制措施。该计划应当包括实施期限、安全与卫生控制措施及实施人员的职责。该计划的实施情况应当定期监控，直到所有措施都实施完毕。

（15）公司可以先进行一般评估，再将其模式适配到不同工作场所的类似工作活动中。如果使用这种模式，必须对其风险评估进行验证，使之与特定工作场所和工作流程有相关性和适用性。

（16）必须确保所选用的控制措施不引入新的隐患，或不会使安装、竖立或移除这些控制措施的工人暴露于更高的风险中。

（17）必须定期检查和审查实施后的控制措施，以确保其有效、操作状态良好。

4.1.2 风险控制措施

（1）如果工作场所存在安全风险，相关方应统一组织制订一切合理可行的措施来控制这些风险。

（2）为降低作业风险或将此风险保持在可接受的水平而选择的控制措施 / 方法，应当仔细评估并实施，以确保其效力。

（3）根据下图所示的控制层次，列出相关控制法。应从最高层开始试用控制措施，不同层级的措施可组合使用，例如，工程控制法可与行政控制法同时使用。

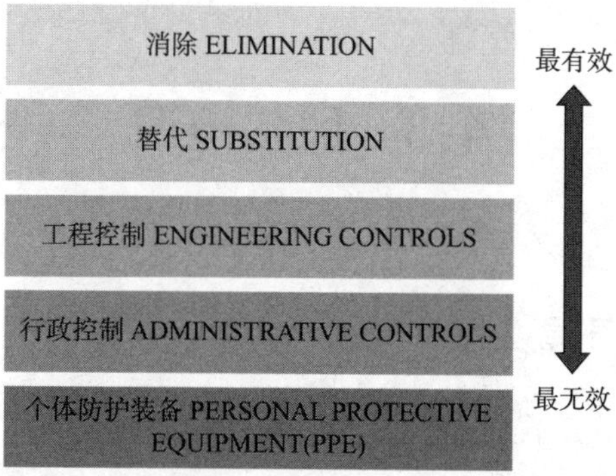

工作场所安全与卫生控制法的各个层次

控制层次效力图示

4.2　流程审查

不合格的许可流程可能导致严重的危险后果，包括危险物质失控引起的人员伤亡、设备损坏或环境破坏。为预防此类风险，在发放许可证前后及作业期间进行现场审查至关重要。以下是一些简单的自我审计问题，可用于评估现场审查许可证的有效性：

★是否有要求现场审查签批许可？

★是否有足够的时间让发包方、属地方和承包方进行现场审查？

★人员资质是否作为风险评估的一部分，并在工作现场得到核查？

★是否严格按照受控的管理流程执行审查？

★作业是否为计划性任务？

★是否包括对现场和已完票证内容的审查，以确保质量和合规性？

★是否有经批准的作业人员名单，涵盖项目中涉及的各类单元操作和将要进行的各种类型的许可工作（如受限空间进入）？

4.3 风险辨识

4.3.1 人员伤害

作业活动可能导致从轻微到严重甚至致命的人员伤害。在许可作业中，人员可能通过以下方式暴露于危险环境之中。

★未正确识别危险材料（有毒、易燃、腐蚀性、其他危害）的存在，导致人员暴露，造成伤害或死亡。

★未能识别或提供合适的个体防护装备（PPE）。

★未能识别特定位置的危害及相应的控制措施。

★未能识别出由于设计不当（例如，逃生路线有限、难以接近正在维修的设备）而造成的作业场所危险。

★未能识别临时修改 / 施工活动产生的危险（例如，突出的脚手架管、坠落物体、照明不良的路障）。

★隔离措施不当，如未对设备进行排水或减压，导致人员接触化学品。

★使用受污染的软管进行排水、冲洗或吹扫作业。

★清洁工作期间储存的压力能量突然释放（如堵塞管线突然打开），或未正确隔离的旋转设备的机械能突然释放。

★包括消防员在内的应急响应人员可能会暴露于化学和热危害，造成伤亡。

4.3.2 火灾或爆炸造成的财产损失

许可作业通常是一种固有的危险活动，需要严格的工程和管理措施控制才能安全地执行。如果制度没有落实，可能引发重大财产损失事故。火灾和爆炸可能造成设备损坏，原因如下：

★压力设备意外破裂导致工艺流体泄漏。造成该问题的原因包括工作现场检查不足、阀门和设备识别错误以及许可过程中的沟通不畅。

★作业区域的设备发生易燃物质泄漏或释放。

★在易燃气体排放口或富氧环境附近进行动火作业。

★维护期间工艺管道支撑不当，引发危险物质失控释放。

★重型设备 / 工具误碰高压小口径管道，产生喷射火焰。

★开挖损坏埋地管道，导致易燃物质释放、蒸汽云爆炸和火灾。

4.3.3　化学品释放与环境影响

除人员伤害和财产损失外，还需防范以下可能造成空气、土壤或水体污染的事故。

★烟雾和化学物质释放造成的环境破坏。

★消防工作可能对环境造成负面影响，如灭火作业可能导致污染水排入水道，危害野生动物。

★事故失控时可能需疏散人员或下达就地避难指令。

4.4　有效实践

4.4.1　初步现场检查要求

签发工作许可证前，需通过现场检查确认以下事项：

★作业对象设备已明确识别并标记。

★位置安全，无须采取额外措施控制危险。

★工作人员可安全进出。

★工作区域有足够的空间放置完成工作所需的工具。

★工作区域附近已配备必要的安全设备，包括安全淋浴、洗眼器和灭火器。

★确认相关管理程序已执行、盲板隔离清单要求已落实。

★工作区域附近没有可能影响工作人员的常规或非常规通风口，如排放窒息性、易燃、有毒或富氧气体的通风口。

★使用气体分析仪检测工作地点附近无泄漏或其他异常情况。

★所有相关作业许可证均已规范填写，并且审批人员资质符合制度规定。

4.4.2　审批前的联合现场检查

在许可证审批前，相关方应共同进行现场检查，确保以下事项：

★审查工作现场，核实工作现场与许可证要求一致，并确认工作人员了解并已实施规定的危险控制措施。

★确保许可证、任务风险评估、作业安全分析（JSA）、程序、盲板图或检查表中列出的控制措施均已有效落实。

★确认所有隔离措施已完成并验证，锁定钥匙须存放在区域主管提供的锁箱内。有关详细信息，请参阅隔离措施工作计划文件。

★确认现场检查时不存在许可证中未列明的其他危害，或已针对此类危害采取控制措施。

★确保工作区域中人员数量最少，并且与风险评估中的要求一致。

★确认在执行工作许可证期间，作业地点周围没有同时进行两项以上的作业（SIMOPS）。

★验证所有工具、材料、火灾和气体探测器、通信设备及个体防护装备（PPE）的可用性和适用性。

★执行作业所需的材料应齐全、经过检查且符合规范要求。

★确保工作小组已进行安全交底，清楚了解作业风险和相应控制措施。

★确认工作团队具备安全执行作业所需的全部技能和资质。

★确认在执行作业期间已确定现场审查的频率。

★确保与相关许可证无关的在该区域工作的外部承包商人员被告知即将开展的作业内容。

★确认已告知邻近单位有关许可证作业的内容及其相关风险。

4.4.3　作业完成后的现场检查

确认工作已按照相关工程标准和规范执行，并满足要求。

此外，确保：

★工作现场已恢复，所有工具和临时设备均已清点回收，无遗漏。

★可燃材料、气体切割后的熔融金属件、热焊条、焊接后的热表面及金属切屑已充分冷却后移除。

★所有电气工作均按照规范和要求进行。确保临时电气接线或带电设备已断电并拆除。

★受污染材料已完成去污处理并移至安全区域。

★作业用化学品已按规范安全处置。

第5章

特殊作业气体风险防控与高效应急

5.1 特殊作业气体分析：不报警≠ 100% 安全

当气体检测仪静静闪烁绿灯，无声无息，那一刻是否意味着有限空间内绝对安全，可以放心作业？残酷的现实数据给出了否定答案：美国 OSHA 统计显示，约 85% 的密闭空间致命事故发生在“气体检测合格”之后。这冰冷的数字揭示了气体分析在特殊作业中的极端重要性与复杂性——它绝非简单的“报警”或“不报警”二元判断。如何在动火、受限空间、动土等高风险作业中，让气体分析真正成为生命安全的可靠屏障，实现无限接近 100% 的准确识别？这需要一套超越设备本身的系统性思维与精细化管理。

5.1.1 设备选型与定制

市面上气体检测设备价格从数千元到数万元不等，性能差异巨大。绝不能以价格或“通用性”作为首要选择标准。核心考量必须是：设备的技术指标（精度、分辨率、响应时间、抗干扰能力等）和可靠性（防爆等级、防护等级 IP、环境适应性）是否足以应对特定作业环境的严苛挑战？一台在实验室表现优异的设备，未必能在化工厂潮湿、多尘、存在腐蚀性气体的管道旁稳定工作。

“通用标定”是最大的隐形陷阱。供应商默认使用甲烷（CH_4）标定的催化燃烧（LEL）传感器极为普遍。然而，当目标介质是氢气（H_2）时，氢气在空气中的爆炸下限（LEL）是4.0%VOL，远低于甲烷的5.0%VOL。甲烷标定的传感器对氢气的灵敏度会显著降低，可能延迟报警或不报警，而实际浓度早已进入危险区。

当目标介质是苯（C_6H_6）时，苯的LEL是1.2%VOL。甲烷标定的传感器对苯的响应因子远低于1（可能只有0.5或更低）。这意味着当苯浓度已达到其LEL的50%（即0.6%VOL，非常危险）时，设备显示的LEL值可能只有25%~30%，远未触发一级报警（通常10%LEL）。

定制化报警阈值：购买设备时，必须清晰明确告知供应商目标检测气体（包括可能的干扰气体）。要求供应商使用目标气体本身或等效气体对传感器进行标定，并根据目标气体的特性和《危险化学品企业特殊作业安全规范》（GB 30871—2022）要求（或其他适用的国标 / 行标），精准设定一级（预警）、二级（高危）报警阈值。这是确保设备“听懂”现场气体语言的第一步。

5.1.2 读懂数据

单位换算：设备屏幕上的数字本身毫无意义，必须结合其单位。GB 30871—2022对受限空间气体合格有明确规定：

氧含量：19.5%~23.5%（体积百分比，VOL%）。

可燃气体：例如低于其爆炸下限的10%（LEL%）；注意是LEL%，不是VOL%；1%LEL仅表示该气体浓度是其爆炸下限浓度的1%。

有毒气体：低于GBZ 2.1—2019《工作场所有害因素职业接触限值 第1部分：化学有害因素》规定的最高容许浓度（MAC）或短时间接触容许浓度

（PC-STEL）。常见单位是 ppm（百万分之一）或 mg/m^3（毫克每立方米）。

单位混淆的灾难：假设一台设备检测硫化氢（H_2S），显示值为“10”。

如果单位确认是 ppm（体积浓度）：显示值为 10ppm H_2S。这达到了短时间接触容许浓度（15min）PC-STEL（约 10ppm），并超过了 MAC（6.59ppm），这是危险浓度。

如果单位确认是 mg/m^3（质量浓度）：显示值为 10mg/m^3 H_2S。换算成体积浓度约为 6.59ppm H_2S。这超过了时间加权平均容许浓度 PC-TWA（通常 5ppm），等于 MAC（6.59ppm）。同样是危险浓度。

如果误将 VOL% 当作 LEL%：对于爆炸下限为 4.0%VOL 的气体，1%VOL 意味着浓度已达到其 LEL 的 25%，非常危险，但显示值“1”如果被误读为 1%LEL，会让人以为绝对安全。

操作人员必须培训掌握常用单位及其换算，每次检测前和读取数据时，必须确认设备显示的单位，并与标准要求的单位进行核对。在安全作业票上，强制要求记录数值时必须同时注明单位。

5.1.3 标定、校验与功能测试

传感器：气体传感器（尤其是电化学、催化燃烧）是消耗品，其性能会随时间、使用环境（高湿、高温、高尘、化学物质污染 / 中毒）、机械冲击而衰减、漂移甚至失效。一台长期暴露在硅化物环境中的可燃气体传感器（催化燃烧型）可能被永久性毒化而完全失灵；高浓度 H_2S 可能“杀死”检测 CO 的电化学传感器。

标定：使用已知浓度的标准气体，通入设备，调整设备输出，使其读数与标准气体浓度一致。这是确保设备“测量准确”的核心手段。

强制周期：必须根据制造商建议、使用频率和环境严酷程度，制定强制性标

定周期（通常3~6个月一次，恶劣环境需缩短）。

“冲击”后必做：设备经历报警事件（尤其是高浓度）、跌落、浸水、长期闲置后，再次使用前必须标定。

校验：在日常使用前，使用低浓度标准气体或测试罩，短时间暴露传感器，确认设备能在预期时间内报警（声光振动）。这仅验证传感器和报警功能是否“响应”，不验证精度。

功能测试的价值：标定周期内的日常功能测试是最后一道快速防线，能及时发现传感器完全失效、气路堵塞、电池严重不足等可能导致设备沉默的问题。未通过功能测试的设备绝对禁止使用。

所有标定、校验、功能测试、维修记录必须完整保存，设备上应有清晰的状态标识（如下次标定或者功能测试到期日）。

5.1.4 职业健康风险的隐形杀手

动火安全的盲区：“气体分析合格”常指可燃气体浓度合格且氧含量合格，满足了动火作业的基本安全条件。但这绝不意味着人员可以安全进入该空间进行长时间作业！

爆炸极限与健康限值：许多有毒物质的职业接触限值（OELs：MAC，PC-STEL，PC-TWA）远低于其爆炸下限。

行动指南：明确检测目的，是用于动火许可？还是人员进入许可？目标不同，检测的气体种类和合格标准截然不同。

全面识别风险：在受限空间作业前，必须进行全面的作业安全分析（JSA），识别所有可能存在的有毒有害物质（包括残留物、反应副产物、清洁剂等），而不仅是易燃易爆气体。

配置复合型检测仪：用于人员进入评估的设备，必须配备能检测目标有毒气体（如 H_2S、CO、SO_2、VOCs 等）的传感器，并设置基于 OELs 的报警阈值（通常为 MAC 或 PC-STEL）。PID（光离子化）检测器对于广谱 VOCs 筛查非常有效。

清晰区分标准：在安全作业票和操作规程中，必须清晰区分“动火分析合格标准”和“进入受限空间条件合格标准”。

5.1.5 综合判断

通风：气体分析稳定的基石。受限空间内的气体环境是动态变化的，内部残留物释放、搅动底部淤泥、人员活动、化学反应等都可能在短时间内显著改变气体浓度。持续的强制性机械通风是维持气体分析合格结果最有效的手段之一。它不仅能稀释清除有害物，还能提供新鲜氧气。

“不报警”≠绝对安全的深层原因：

检测点局限：设备探头只能反映其所在位置的气体状况。空间内可能存在分层（如 H_2S 下沉、CH_4 上浮）、死角，导致检测点“安全”，而作业点危险。

传感器局限性：没有一台设备能检测所有气体。未知气体、干扰气体、超出量程、传感器选择性不足等都可能导致漏检。

非气体风险：缺氧（通风不足或惰性气体置换后）、物理危害（机械能、电能、吞没、坠落）、生物危害（病菌）等，气体分析仪无法检测。

专业培训与授权：操作气体检测设备的人员必须经过严格、系统的培训并考核授权。培训内容必须涵盖：设备原理与局限、目标气体特性、标准规范要求（如 GB 30871—2022，GBZ 2.1—2019）、正确操作步骤（包括通风、多点 / 分层检测）、单位识别与换算、报警处理流程、标定 / 校验知识、常见故障判断、个体防护装备（PPE）使用等。未经授权人员严禁操作检测设备。

综合风险判断能力：合格的气体分析人员不能是简单的“仪器读数员”。他们需要理解工艺、了解作业内容、能结合现场环境（空间结构、物料特性、天气等）对检测结果进行综合风险研判。例如，在含有淤泥的储罐底部检测，即使初始检测合格，也应高度警惕搅动后释放气体的风险。

警惕性与沟通：始终保持对异常气味、身体不适、环境变化的警惕。发现任何问题，立即停止作业，重新评估。与进入人员、监护人员保持清晰有效的沟通。

追求特殊作业气体分析的“100% 准确”是一个理想目标，但通过构建一个严谨、多维度的防御体系，我们可以无限接近这个目标，将风险降至最低。

根据目标介质和环境，选择高性能、正确标定、报警阈值定制化的设备。深刻理解并严格执行标准，熟练掌握单位及其换算，杜绝数值误读。

严格执行定期标定、日常功能测试和精心维护，确保设备时刻处于良好状态。突破“可燃即安全”的思维定式，充分识别并评估职业健康风险，明确区分不同作业的安全标准。善用持续通风手段，理解空间内气体动态特性，进行多点、分层、持续 / 定时监测。投资于人员的深度培训、考核授权和能力建设，培养其综合风险研判能力和高度责任感。

当气体检测仪绿灯常亮，无声无息之时，请务必牢记：“不报警”绝非安全作业的充分条件！它只是一个复杂安全拼图中的关键一块。唯有将精良的设备、清晰的认知、严谨的流程、持续的通风，以及高度专业且警觉的人员，通过数字化建设进行高效串联和闭环管理，形成覆盖作业前、中、后的全流程、多层次防护网，才能真正穿透气体分析的迷雾，在特殊作业的高风险战场上，为每一位作业人员的生命安全筑起最坚实的防线。每一次安全归来，都源于对细节的苛求和对系统力量的敬畏。

5.2 建立企业特殊作业高效应急系统（基于 ICS 框架）

特殊作业因其固有的高风险性，一旦发生事故，往往发展迅速、后果严重。传统的、临时拼凑的应急响应方式难以满足高效、有序救援的需求。采用成熟的事故指挥系统（ICS）框架，建立专门针对特殊作业的应急救援体系，是提升企业应急能力、最大限度保障人员生命安全和减少财产损失的关键。

作业风险分析：针对企业常见的每一种特殊作业类型（动火、受限空间、高处、吊装、临时用电等），进行深入的风险评估。识别可能发生的最严重事故情景（如受限空间中毒窒息、动火引发火灾爆炸、高处坠落、吊物坠落、触电等）。

现场处置方案制定：基于最坏情景分析，为每种特殊作业类型或其组合（如动火＋受限空间）制定专门的《XX 特殊作业专项处置方案》，模板见附录（受限空间特殊作业现场处置方案）。预案核心内容包括：

明确启动条件：清晰界定什么事件（如人员被困、火灾确认、有毒气体超标报警、结构坍塌等）触发该专项预案。

组织架构预设：根据事故规模预估，预先设计不同响应级别（如现场级、公司级、区域联动级）下所需的岗位及其核心职责（指挥、作业、计划、后勤、财务 / 行政）。

应急响应流程：从报警接警、预案启动、指挥权移交、资源调度、现场行动（救援、灭火、隔离、疏散、医疗救护）、事态控制到后期处理的全流程关键步骤。

资源清单：明确每种预案所需的应急资源（人员、装备、物资、服务），包括企业内部配备和需要外部（消防、医疗、专业救援队）支援的类型和数量。

通信方案：规定应急通信方式（对讲机频道、备用通信手段）、信息报告流程（向上级、向相关部门、向外部机构）。

地图与信息：包含作业现场关键图纸（平面图、工艺流程图、消防设施图、逃生路线图）、关键联系人（内部专家、外部机构）列表、SDS 等。

核心指挥岗位：

①项目负责人：对应急响应负全责，设定目标，批准策略和资源请求。特殊作业中，ICS 通常由现场最高负责人或其授权的具备丰富经验和指挥能力的人员担任指挥官。

②监护人：确保所有应急行动在安全前提下进行，有权暂停不安全操作。在特殊作业（尤其受限空间、动火）中，作用极其关键，需实时监控环境安全（气体、结构稳定性等）。

③联络员：协调与外部机构（消防、急救、政府监管）的沟通。特殊作业事故常需外部专业力量介入。

体系类强调“一人多岗”或“一岗多人”原则，根据事故规模和复杂度动态弹性调整。小型事故可由项目负责人兼任多个关键岗位；大型复杂事故则需完整配置各职能岗位。

配置充足的、针对性的应急装备：

①受限空间：正压式空气呼吸器（SCBA）/ 长管呼吸器、四合一气体检测仪、三脚架 / 救援吊带、通风设备、通信设备、照明。

②动火作业：适用类型的灭火器、消防毯、消防水带/水枪、防火监护设备。

③高处 / 吊装作业：救援绳索套装、全身安全带、缓冲包、担架、生命线。

④通用：急救箱、AED、对讲机、应急照明、警戒线、个体防护装备（PPE）、备用气瓶、医疗耗材、堵漏器材、沙土吸附材料等。

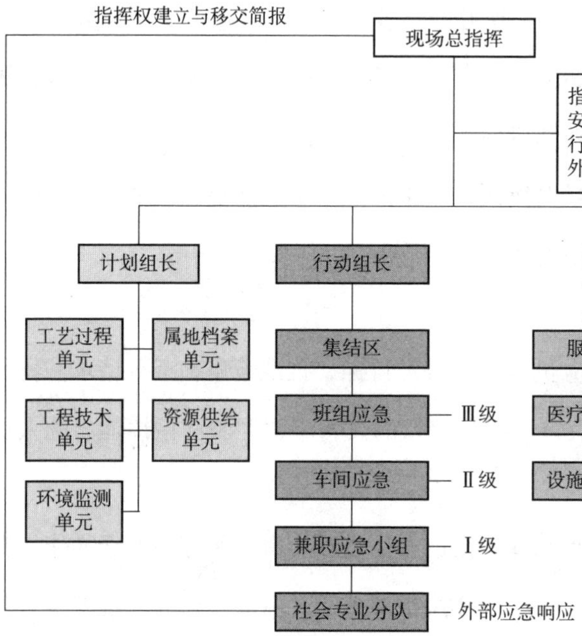

基于ICS突发事件指挥框架建立的公司特殊作业组织架构图

附录　工具模板

本安全工作实践模板专为处于运营阶段的企业的特殊作业安全管理提供实践参考。文档所载指导方案将助力企业进一步提升安全生产绩效，塑造卓越的安全管理记录。

附录A 特殊作业施工方案及JSA参考模板

表A.1 特殊作业施工方案及JSA参考模板

<table>
<tr><td colspan="2">一、施工方案</td></tr>
<tr><td>施工方案名称：</td><td rowspan="2">编号：</td></tr>
<tr><td>作业单位：</td></tr>
<tr><td colspan="2">审核、验证、批准：</td></tr>
<tr><td colspan="2">审核

经本人对该方案全部内容予以验证，基于当前掌握的信息，其完全符合项目安全管理规范要求，且已经相关项目人员审核通过，准予实施。

项目主管：__________ 签字：__________ 日期：__________

验证

我已经验证了这个方案的所有方面，并且就我所知，它符合项目安全管理要求，并且已由相关项目人员进行了审查，同意实施。

项目经理：__________ 签字：__________ 日期：__________

批准
我已经验证了这个方案的所有方面，并且就我所知，它符合项目安全管理要求，并且已由相关项目人员进行了审查，同意实施。

分管领导：__________ 签字：__________ 日期：__________</td></tr>
</table>

续表

<table>
<tr><td colspan="4">二、申请</td></tr>
<tr><td colspan="4">第 1 部分：工作范畴及工作计划</td></tr>
<tr><td colspan="4">任务 / 活动：</td></tr>
<tr><td colspan="4">工作地点平面图：</td></tr>
<tr><td colspan="2">持续时间：从　　年　月　日（日期）至　　年　月　日（日期）</td><td colspan="2">工作时间：从　　（时间）至　　（时间）</td></tr>
<tr><td colspan="4">备注：</td></tr>
<tr><td colspan="4">第 2 部分：设施、机械和设备</td></tr>
<tr><td colspan="2">设施 / 机械 / 设备类型</td><td>必需的检查</td><td>备注</td></tr>
<tr><td>1</td><td></td><td></td><td></td></tr>
<tr><td>2</td><td></td><td></td><td></td></tr>
<tr><td>3</td><td></td><td></td><td></td></tr>
<tr><td>4</td><td></td><td></td><td></td></tr>
<tr><td>5</td><td></td><td></td><td></td></tr>
<tr><td>6</td><td></td><td></td><td></td></tr>
<tr><td>7</td><td></td><td></td><td></td></tr>
</table>

续表

第 3 部分：人力和组织机构			
人员		资质 / 需要的培训	备注
1			
2			
3			
4			
5			
6			

第 4 部分：程序和 JSA		
工作活动目录		
工作过程		步骤
1		
2		
3		
4		
5		
备注：		

第 5 部分：审核	
编制人： 审核人： 签字 / 日期　　年　　月　　日	意见：

续表

第 6 部分：作业安全分析（JSA）表										
序号	工作步骤	风险事件	后果	控制措施	频率	严重性	风险评估	风险级别	落实人员	审核人员
分析说明	1. 作业范围（无遗漏）； 2. 分解作业步骤； 3. 纵向流水号与步骤有序	作业步骤过程中的危害事件	后果评估范围：人员、财产、环境、企业声誉	消除危险 > 预防 > 控制 > 减缓 要求：1. 可操作的； 2. 可验证的	参考：公司风险矩阵				措施落实责任人	现场复核人员
1										
2										
3										
4										
5										

续表

第7部分：指导与交流								
此施工方案经相关人员协商编制完成，并通过技术交底贯彻实施，全体施工人员已阅读、理解并签字确认								
姓名		岗位	作业资质	证号	年龄	签名	是否购买工伤意外保险	建议：
1								
2								
3								
4								
5								
6								
7								
8								
9								
10								
第8部分：确认								

我已尽可能为此方案提供了准确且充分的信息与指导，包括每个工作流程及活动对应的风险影响、潜在后果类型、可能发生的事件或事故，以及工作过程中和紧急状况下应采取的风险控制措施及可行方案，以保障相关人员的工作安全。

告知人：________________ 签字：________________ 日期：________________
时间：________________

发包负责人：________________ 签字：________________ 日期：________________
时间：________________

安全管理部：________________ 签字：________________ 日期：________________
时间：________________

附录 B　作业前的安全确认与执行项目检查清单

表 B.1　受限空间作业前的安全确认与执行项目检查清单

序号	确认项目	执行项目
1	完成并评估受限空间的能量隔离要求。是否需要采取能量隔离措施？ Y（是），完成能量隔离作业前检查。	1. 已按照隔离计划，落实对全部能量源进行了确认、隔离，并完成 LOTO（上锁挂牌）。 2. 已对系统进行了排空、清洗、吹扫，已完全置换易燃易爆物料或气体。
2	危险已确认并得到有效控制，目前可安全进行作业。	3. 针对特定的工作范畴，完成 JSA（作业安全分析）。 4. 在项目启动初期，需与工作团队针对风险因素进行深入的交流与分析。 5. 务必审查并确认是否有其他并行作业，这些作业可能增加不必要的风险。
3	已明确气体测试的频率。	6. 气体检测工作应由具备相应资质的检测人员负责执行。 7. 在作业启动之前，必须完成初步的气体检测，并依据既定标准周期性地进行后续检测。 8. 同时，在作业开始前，应审核检测数据，并就后续检测的具体时间间隔（每两小时一次）进行确认。
4	配备机械通风设施且运行正常。	9. 确保受限空间得到持续的通风。 10. 若采用机械通风方式：应当安装延伸风管，确保空气能在整个受限空间内持续流通；确保设备已经连接并接地，以避免静电带来的潜在危害。 11. 通风口的设置应遵循以下原则：避免设置在火源附近；不受风向或天气状况的影响，同时不受气流限制；防止将污染的空气引入受限空间，例如，避免吸入车辆或发电机排放的废气。
5	监护人员业已准备完毕，就沟通方式达成了共识，并在进入受限空间之前对沟通方式进行测试。	12. 受限空间作业中，专业监护人员应驻守于指定入口处。监护人员需明确其职责，具体包括：采用既定的沟通方式（如灯光信号、无线电通信、声音放大设备）进行有效沟通；对受限空间内的作业人员实施持续监控；详细记录受限空间的进出情况；密切监测受限空间环境条件的任何变化；在发生紧急情况时，迅速启动受限空间现场应急处置预案。
6	呼吸器状态良好。（请确保现场备有应急救援物资，如隔绝式呼吸器，以供不需佩戴呼吸器进入时，突发应急使用）	13. 呼吸器完整性、认证及运行良好：使用前，主气源连接正确；隔绝式呼吸器进入受限空间前功能正常。

续表

序号	确认项目	执行项目
7	救援预案已全面部署就绪，并做好了随时执行的准备。	14. 在进入受限空间之前，务必与监护人员及应急救援队就相关预案进行充分沟通。 15. 再次确认工作现场应配备必需的紧急救援装备设备。 16. 进入受限空间的人员应遵循既定计划，正确穿戴救援设备（如安全帽、安全带、防坠器等）。 17. 救援队伍需确保：已做好充分准备；对任务相关的风险有深刻理解；能够有效执行救援预案。

表 B.2　动火作业前的安全确认与执行项目检查清单

序号	确认项目	执行项目
1	完成并评估动火作业的能量隔离要求。是否需要采取能量隔离措施？ Y（是），完成能量隔离作业前检查。	1. 已按照隔离计划，落实对全部能量源进行了确认、隔离，并完成 LOTO（上锁挂牌）。 2. 已对系统进行了排空、清洗、吹扫，已完全置换易燃易爆物料或气体。
2	危险已确认并得到有效控制，目前可安全进行作业。	3. 针对特定的工作范畴，完成 JSA（作业安全分析）。 4. 在项目启动初期，需与工作团队针对风险因素进行深入的交流与分析。 5. 务必审查并确认是否有其他并行作业，这些作业可能增加不必要的风险。
3	是否在火灾爆炸危险区域进行动火作业？ Y(是)，确认已完成动火前气体分析。	6. 经过专业培训并具备资质的气体检测分析人员已经对动火作业区域进行了初始检测：全面涵盖了动火作业区域上方、中部以及下方等各个维度的所有空间部位，无论是角落还是较为宽阔的区域都包含在内；依据 GB 30871—2022 标准规定的动火作业安全距离，以及明确规定的动火作业区域周边最小安全距离范围的检测要求。 7. 检测结果读数，气体浓度处于目标介质的安全限值之内。
4	持续监测气体浓度变化。	8. 在开始作业前，记录后续测试频率（例如，特级动火持续监测，至少每 2 小时记录一次）。 注意："持续 "监测是指，以规定的频率定期监测环境，或在整个作业期间进行连续监测。
5	精准识别并严格控制火源，确保安全防范措施落实到位。	9. 在动火作业区，已采取以下措施以防止火灾发生：储罐或管道中的排水口、缝隙、开口均已妥善覆盖或密封；通风口已进行隔离或远离该区域；已指派 1 名培训合格的监火人员，且该人员现已到岗就位；消防设备检查完毕，功能正常。
6	经确认，易燃及可燃性材料已被彻底移除或采取覆盖等其他方式有效隔离。	10. 所有易燃 / 可燃材料已彻底清除；若存在未清除情况，亦已采取防火措施（例如，部署防火毯），确保其不受火源侵害。

表 B.3　高处作业前的安全确认与执行项目检查清单

序号	确认项目	执行项目
1	危险已确认并得到有效控制，目前可安全进行作业。	1. 针对特定的工作范畴，完成 JSA（作业安全分析）。 2. 在项目启动初期，需与工作团队针对风险因素进行深入的交流与分析。 3. 务必审查并确认是否有其他并行作业，这些作业可能增加不必要的风险。
2	所涉及的坠落防护装置已获得验证与检验：已通过安全验证程序；已执行全面检查；符合标准且适合现场安全投用要求。	4. 坠落防护设备包括防坠器和 / 或防坠限制器。 5. 五点式双钩全身式安全带负载能力符合标准要求。 6. 检查安全带的所有织带、搭扣、配件是否有磨损、断裂迹象。 7. 防坠器制动功能正常，安全绳无磨损、断丝、断股情况。 8. 防坠限制器包含一根固定救生索，长度调节为阻止工人接近边缘处，以防人员坠落。 9. 防坠器下滑距离不超过潜在坠落距离。 请注意：对于配备缓冲包的安全带，请仔细检查安全带的安全绳及缓冲包的延伸长度之和是否超过坠落基准面。若超出，请及时更换合适的安全绳和安全带。
3	规范安全带穿戴。	10. 严禁使用非全身式五点双钩安全带。 11. 安全带穿戴过程中不应出现打结、缠绕情况。 12. 安全带通过胸带、肩带和腰带的调节，紧密贴合人体，有效防止在坠落过程中人员脱落。
4	批准的锚固点已安装，可满足全系挂。	13. 100% 全程系挂。 14. 锚固点负载符合安全技术要求。 15. 可供使用的锚固点位置及数量足以支持 100% 系挂。 16. 拉动连接装置，确保连接稳固可靠。 请注意：100% 系挂，必须始终保持至少一个安全钩连接在锚固点上。
5	高处使用的工具 / 材料已固定。	17. 在高处作业环境中，所使用的工具必须配备安全锁、挂绳或系绳等安全装置。同时，所有高处作业材料应被妥善固定于储物箱、袋、包等储存设施内。此外，对于作业区域下方的开口（如格栅、缝隙等），应采取警戒隔离措施以防止坠落物造成危害。 特别提醒：必须严格遵守制定的坠物预防措施，如高处作业工具包的使用等。
6	下方环境空间无任何障碍物，人员坠落发生撞击的风险降低。	18. 安全绳、防坠器坠落限制距离不超过下方第一个障碍物。 19. 发生坠落后，下方应尽可能清理障碍物，同时需注意人员侧向摆动可能引发的人身伤害。
7	已设置高处作业警戒隔离区域。	20. 评估潜在可能的坠落半径、确定隔离范围。 21. 在高处作业期间，设立监护人员，有条件的设置物理隔离区域，控制人员误入警戒区。

表 B.4　起重吊装作业前的安全确认与执行项目检查清单

序号	确认项目	执行项目
1	吊装计划已制定完成。	1. 吊装方法、设备及人员已确定。 2. 吊装计划或程序经批准，由相关技术人员论证、评估。 3. 吊装作业评估包括负载重量、尺寸、重心。 4. 吊装设备性能及状况已经过设备安全验证。 5. 参与人员已接受起重计划培训。
2	已识别和控制了危险因素。	6. 针对特定的工作范畴，完成 JSA（作业安全分析）。 7. 在项目启动初期，需与工作团队针对风险因素进行深入的交流与分析。 8. 全面识别潜在危险因素（如架空的高压电缆、管廊），重点检查以下关键要素：确保负载路径安全；仔细核查摆动半径范围；全面排查架空危险因素；监控吊物起升 / 下降区域状况。 9. 务必审查并确认是否有其他并行作业，这些作业可能增加不必要的风险。 10. 若工况出现变化（包括天气突变），请立即评估并讨论停工可能性。 请注意：采用吊物推杆和 / 或绳索牵引（缆风绳）保持与吊物的安全距离进行操作。
3	吊装作业相关人员作业资质通过审查。	11. 起重设备操作员及起重指挥人员持有经相关主管部门考核合格后颁发的作业资质证件，并对其真伪进行查验，以确保人证相符。
4	作业团队沟通协调，明确各岗位人员。	12. 无论是指挥手势、对讲机、旗语还是其他预设信号，均须被所有关键人员（特别是操作员和信号员 / 指挥）清晰理解且经实操验证。 13. 操作员与吊装团队已知晓事故及紧急情况应对措施，明确了立即停止一切作业的紧急停止信号，全员知晓如何快速响应。 14. 指定唯一的吊装作业负责人，全权负责吊装全过程安全。 15. 信号员 / 指挥、起重机操作员、系挂工、引导员等的岗位职责均被清晰界定并确认。 16. 操作员仅接收信号员对吊运动作（速度、方向等）的指令，确保指挥链单一明确。
5	起重机械作业条件评估。	17. 确保吊装设备处于平衡状态，并且安装在稳固的地面上。 18. 已经对垫块进行了稳定性测试，确保对于提升机械是平整的。 19. 起重机支撑腿已经完全展开。 20. 已经对吊物的稳定性进行了全面评估，评估因素包括：吊物的固定方式；施工现场的条件与设备的承载能力；吊运路径。 21. 当前的天气状况适合进行作业。

续表

序号	确认项目	执行项目
6	吊装和索具安全验证，确保适合此次作业。	22. 起重机启用前的检查工作已经完成。 23. 安全装置已部署并运行正常。 24. 承包商提供了使用设备、工具的相关负荷数据，并检查其符合性。 25. 吊装前，索具设备已接受检验。 26. 索具设备符合本次吊装任务需求。 注意：使用的设备负荷数据应充分考虑其冗余量，确保满足稳定工况下的负荷。
7	作业前吊物检查。	27. 所有负载均经过完整性及稳定性检查，特别是吊物重心。 28. 吊物及其包装可承受升降机作业产生的力学作用。 29. 吊装前，所有松动部件均已牢固固定或彻底移除。 30. 小型散件需预先包装或置于专用吊篮内运输。
8	已设置起重吊装半径的警戒隔离区域。	31. 已划定警戒区域并落实管控措施，确保人员远离吊装半径。禁止在吊装重物下方作业；避让移动设备与机械；防范高空坠物风险。 32. 设置区域通行管制（如监护岗哨或硬质围挡）。 33. 须确保应急撤离通道保持通畅，作业人员应熟知逃生路径。

表 B.5　能量隔离（含盲板抽堵）作业前的安全确认与执行项目检查清单

序号	确认项目	执行项目
1	隔离方案中明确界定了待作业的电路、管路、系统及 / 或设备。	1. 使用标签或标记在隔离方案图纸上明确标注需断电的线路、系统及设备。
2	危险能量源已全面辨识。	2. 针对具体作业范围，开展作业安全分析（JSA）。 3. 作业前组织工作小组进行安全交底，辨识危险因素。 4. 辨识并隔离设备潜在能量源（如电能、压力能、液压能、机械能等）。 5. 辨识并管控邻近带电系统 / 回路 / 设备的危险源。
3	依据隔离方案和图纸确认了隔离点。	6. 所有隔离点均已准备就绪，并通过隔离示意图、设备隔离规程、管道仪表图或工艺流程图进行标识或标记。
4	在每份隔离计划或图纸中，隔离装置需安装于指定位置。	7. 阀门启闭状态须严格依据图示及施工方案执行。 8. 盲板、插板等隔离装置必须满足相关压力、材质等隔离安全参数要求。 9. 电气隔离点须执行断开 / 闭合操作，确保与电源完全隔离。
5	实施 LOTO（上锁挂牌）。	10. 所有隔离措施均已准备妥当，并已张贴标签或标记（如使用隔离图、设备隔离程序、管道仪表图或工艺流程图）。 11. 在隔离位置实施设备的上锁挂牌操作；钥匙已存放于指定安全地点。无法上牌挂锁的位置，采取物理隔离防护及警戒。
6	确认隔离状态。	12. 证实供电设备无法启动。 13. 已通过以下方式对系统（含线路、仪表等）的残余能量进行检测与释放：确认泄放点及排气口处于开启状态，确保残余能量得以泄放；核查相关仪表、测量数据及电压指示；若无法确认能量状态归零，则禁止作业。 14. 确认用于管控残余能量风险的控制及防护措施已就位、功能正常、可操作且便于维护。

附录C 用梯安全要求

一、便携式直梯或伸缩梯须放置于垂直与水平比率不小于4：1和不大于5：1的安全角度。

二、每个梯子在使用时须被捆绑住或由辅助人员稳固地扶着。

三、使用时始终保持三点接触梯子。

四、任何时候梯子上不得超过一个人。当上下梯子时，须始终保持面对梯子，且手中不得携带任何物品，否则将危及自身或身边人员安全。

五、在高处使用人字梯时，当作业面高度（作业面高度指脚踩的表面距离地面的高度）小于1.8m时，责任监管为各项目部门主管监管。当作业面高度等于或大于2.0m时，属于高处作业，需要使用作业审批进行管控，落实各级审批。

六、原则上不允许使用长度超过3m的人字梯，对于高度较高的作业，应优先使用脚手架，工业用剪刀车、登高车等。如果不得不使用长度超过3m的人字梯，应进行必要的特殊管控措施：作业单位及相关方现场评估，办理作业票获得各级的批准，使用期间由监护人全程监督。

七、人字梯临边（坠落半径）使用要求：临边使用人字梯，人字梯长度的1.5倍距离定义为临边，如2m人字梯，距离临边护栏3m即为临边作业。

八、恶劣天气（如大风天气）高处临边禁止使用人字梯。

九、人字梯需采取防坠措施，100%系挂在牢固的锚点上。

十、人字梯高处临边打开或使用过程中，严禁人员离开。直立着的梯子在无牢固系绑的情况下必须有人看守或平放。

附录D　安全作业票的样式

表D.1　动火安全作业票

编号：EHS-D00000001

作业申请单位	作业实施单位	作业申请时间	2024年　月　日
作业内容	焊接支架（具体做什么内容）	动火地点及动火部位	车间，　区域，储罐HT001
动火级别	特级☐　一级R　二级☐	动火方式	电焊作业（钻孔、气割等）
动火人及证书编号	张三，420500000000000000（钻孔、砂轮机等无须持证，写清楚作业人）		
项目负责部门	工程中心	项目负责人	李四
气体取样分析时间	月　日　时　分	月　日　时　分	月　日　时　分
代表性气体	根据现场存储物料、作业等填写	无则划掉	
分析结果/%	填写检测仪的显示值		
分析人	王五（作业单位负责人）		
关联的其他特殊作业及安全作业票编号	同一作业，涉及的其他特殊作业，填入类型及编号		
风险辨识结果	根据实际情况做风险辨识，作为管控依据		
动火作业实施时间	自2024年　月　日　时　分至　年　月　日　时　分止		

作业开始前30min内检测，作业中断超过30min再次检测

开始时间可在班长验票后填写

序号	安全措施	是否落实
1	动火设备内部构件清理干净，蒸汽吹扫或水洗合格，达到动火条件	
2	断开与动火设备相连接的所有管线，加盲板（　）块，未采取水封或仅关闭阀门的方式代替盲板	
3	动火点周围的下水井、地漏、地沟、电缆沟等已清除易燃物，并已采取覆盖、铺沙、水封等手段进行隔离	
4	油气罐区内动火点同一防火堤内和防火间距内的油罐不同时进行脱水和取样作业	
5	高处作业已采取防火花飞溅措施，作业人员应佩戴必要的个体防护装备（PPE）	

第一联：作业现场人员（白）　第二联：作业现场所在部门留存（红）　第三联：安全管理部门留存（蓝）

续表

6	在有可燃物构件和使用可燃物做防腐内衬的设备内部动火作业，已采取防火隔绝措施	
7	乙炔气瓶直立放置，已采取防倾倒措施并安装防回火装置；乙炔气瓶、氧气瓶与火源间的距离不应小于10m，两气瓶相互间距不应小于5m	
8	现场配备灭火器（　）台，灭火毯（　）块，消防蒸汽带或消防水带（　）	
9	电焊机所处位置已考虑防火防爆要求，且已可靠接地	
10	动火点周围规定距离内没有易燃易爆化学品的装卸、排放、喷漆等可能引起火灾爆炸的危险作业	
11	动火点30m内垂直空间未排放可燃气体；15m内垂直空间未排放可燃液体；10m范围内及动火点下方未同时进行可燃溶剂清洗或喷漆等作业，10m范围内未见有可燃性粉尘清扫作业	
12	已开展作业危害分析，制定相应的安全风险管控措施，交叉作业已明确协调人	
13	用于连续检测的移动式可燃气体检测仪已配备到位	
14	配备的摄录设备已到位，且防爆级别满足安全要求	
15	其他相关特殊作业已办理相应安全作业票，作业现场四周已设立警戒区	
16	其他安全措施：据实填写 编制人：王五（作业单位负责人）	

现场核实，查验措施适宜性、完备性及落实情况

安全措施确认人	项目负责人		
安全交底人	王五	接受交底人	作业人、监护人
监护人	具备生产（作业）实践经验、通过培训考试的人，作业期间全程监护		
作业单位负责人意见： 签字：王五　年　月　日　时　分			
项目负责人意见： 签字：李四　年　月　日　时　分			
属地负责人意见： 签字：赵六　年　月　日　时　分			
EHS部意见： 签字：　年　月　日　时　分			
公司分管领导/带班领导意见： 签字：　年　月　日　时　分			
公司安全生产第一责任人意见： 签字：　年　月　日　时　分			
动火前，岗位当班班长验票情况： 签字：　年　月　日　时　分			
完工验收 签字：　年　月　日　时　分			

1. 作业单位负责人确认安全应急措施、作业环境（气候、照明等）、技术交底等落实后签署；
2. 项目负责人核实措施、环境等落实后签署；
3. 属地负责人（工段长及以上人员）确认作业条件（设备关闭、溶剂转移、管道清洗置换、盲板等）具备后，签署移交场地；
4. EHS现场核实后签署；
5. 分管领导、第一责任人签署一级、特级动火；
6. 当班班长验证票证签批及现场情况后签署，票证交给监护人；
7. 项目负责人工完场清后验收

表 D.2 受限空间安全作业票

编号：EHS-S00000001

作业申请单位	作业实施单位	作业申请时间	2024 年 月 日
受限空间名称	车间， 区域，储罐 HT001	受限空间内原有介质名称	根据现场存储物料等填写
作业内容	水洗储罐（具体做什么内容）		
项目负责部门	工程中心	项目负责人	李四
作业人	张三	监护人	
关联的其他特殊作业及安全作业票编号	同一作业，涉及的其他特殊作业，填入类型及编号		
风险辨识结果	根据实际情况做风险辨识，作为管控依据		

具备生产（作业）实践经验、通过培训考试的人，作业期间全程监护

气体分析	分析项目	有毒有害气体名称		可燃气体名称		氧气含量	取样分析时间	分析部位	分析人
	合格标准					19.5%~21%（体积分数）			
	分析数据								

先通风再检测，作业前 30min 内检测，中断 60min 再次检测。作业时配置连续式检测仪，2h 记录一次

开始时间可在班长验票后填写

作业实施时间	自 年 月 日 时 分至 年 月 日 时 分止

序号	安全措施	是否落实
1	盛装过有毒、可燃物料的受限空间，所有与受限空间有联系的阀门、管线已加盲板隔离，并落实盲板责任人，未采用水封或关闭阀门代替盲板	
2	盛装过有毒、可燃物料的受限空间，设备已经过置换、吹扫或蒸煮	
3	设备通风孔已打开进行自然通风，温度适宜人员作业；必要时采用强制通风或佩戴隔绝式呼吸防护装备，不应采用直接通入氧气或富氧空气的方法补充氧	
4	转动设备已切断电源，电源开关处已加锁并悬挂“禁止合闸”标志牌	
5	受限空间内部已具备进人作业条件，易燃易爆物料容器内作业，作业人员未采用非防爆工具，手持电动工具符合作业安全要求	
6	受限空间进出口通道畅通，无阻碍人员进出的障碍物	

第一联：作业现场人员（白） 第二联：作业现场所在部门留存（红） 第三联：安全管理部门留存（蓝）

续表

7	盛装过可燃有毒液体、气体的受限空间，已分析其中的可燃、有毒有害气体和氧气含最，且在安全范围内	
8	存在大量扬尘的设备已停止扬尘	
9	用于连续检测的移动式可燃、有毒气体、氧气检测仪已配备到位	
10	作业人员已佩戴必要的个体防护装备，清楚受限空间内存在的危险因素	
11	已配备作业应急设施：消防器材（　）、救生绳（　）、气防装备（　），盛有腐蚀性介质的容器作业现场已配备应急用冲洗水	
12	受限空间内作业已配备通信设备	
13	受限空间出入口四周已设立警戒区	
14	其他安全措施：据实填写 编制人：王五（作业单位负责人）	

现场核实，查验措施适宜性、完备性及落实情况

安全措施确认人	项目负责人		
安全交底人	王五	接受交底人	作业人、监护人

作业单位负责人意见：	签字：　年　月　日　时　分
项目负责人意见：	签字：　年　月　日　时　分
属地负责人意见：	签字：　年　月　日　时　分
EHS 部意见：	签字：　年　月　日　时　分
公司分管领导 / 带班领导意见：	签字：　年　月　日　时　分
公司安全生产第一责任人意见：	签字：　年　月　日　时　分
岗位当班班长验票情况：	签字：　年　月　日　时　分
完工验收	签字：　年　月　日　时　分

1. 作业单位负责人确认安全应急措施、作业环境（气候、照明等）、技术交底等落实后签署；
2. 项目负责人核实措施、环境等落实后签署；
3. 属地负责人（工段长及以上人员）确认作业条件（设备关闭、溶剂转移、管道清洗置换、盲板等）具备后，签署移交场地；
4.EHS 现场核实后签署；
5. 分管领导、第一责任人在升级管理时签署；
6. 当班班长验证票证签批及现场情况后签署，票证交给监护人；
7. 项目负责人工完场清后验收

表 D.3 高处安全作业票

编号：EHS-G00000001

作业申请单位	作业实施单位	作业申请时间	2024 年 月 日
作业地点	车间， 区域， 平台	作业内容	安装灯具（具体做什么内容）
作业高度	米（距离最低坠落面高度）	高处作业级别	1 级☐ 2 级☐ 3 级☐ 特级☐
项目负责部门	工程中心	监护人	要求同其他作业
作业人	张三	作业负责人	李四
关联的其他特殊作业及安全作业票编号	同一作业，涉及的其他特殊作业，填入类型及编号		
风险辨识结果	根据实际情况做风险辨识，作为管控依据		
作业实施时间	自 年 月 日 时 分至 年 月 日 时 分止		

1 级：2m ≤ h ≤ 5m
2 级：5m<h ≤ 15m
3 级：15m<h ≤ 30m
特级：h>30m

开始时间可在班长验票后填写

序号	安全措施	是否落实
1	作业人员身体条件符合要求	
2	作业人员着装符合作业要求	
3	作业人员佩戴符合标准要求的安全帽、安全带，有可能散发有毒气体的场所携带正压式空气呼吸器或面罩备用	
4	作业人员携带有工具袋及安全绳	
5	现场搭设的脚手架、防护网、围栏符合安全规定	
6	垂直分层作业中间有隔离设施	
7	梯子、绳子符合安全规定	
8	轻型棚的承重梁、柱能承重作业过程最大负荷的要求	
9	作业人员在不承重物处作业所搭设的承重板稳定牢固	
10	采光、夜间作业照明符合作业要求	
11	30m 以上高处作业时，作业人员已配备通信、联络工具	

现场核实，查验措施适宜性、完备性及落实情况

第一联：作业现场人员（白） 第二联：作业现场所在部门留存（红） 第三联：安全管理部门留存（蓝）

续表

12	作业现场四周已设警戒区	
13	露天作业，风力满足作业安全要求	
14	其他相关特殊作业已办理相应安全作业票	
15	其他安全措施：据实填写 编制人：王五（作业单位负责人）	

安全措施确认人	项目负责人		
安全交底人	王五	接受交底人	作业人、监护人
作业单位负责人意见： 签字：　年　月　日　时　分			
项目负责人意见： 签字：　年　月　日　时　分			
属地负责人意见： 签字：　年　月　日　时　分			
EHS 部意见： 签字：　年　月　日　时　分			
公司分管领导 / 带班领导意见： 签字：　年　月　日　时　分			
公司安全生产第一责任人意见： 签字：　年　月　日　时　分			
岗位当班班长验票情况： 签字：　年　月　日　时　分			
完工验收 签字：　年　月　日　时　分			

1. 作业单位负责人确认安全应急措施、作业环境（气候、照明等）、技术交底等落实后签署；
2. 项目负责人核实措施、环境等落实后签署；
3. 属地负责人（工段长及以上人员）确认作业条件（设备关闭、溶剂转移、管道清洗置换、盲板等）具备后，签署移交场地；
4.EHS 现场核实后签署；
5. 分管领导签署三级高处作业、第一责任人签署特级高处作业；
6. 当班班长验证票证签批及现场情况后签署，票证交给监护人；
7. 项目负责人工完场清后验收

附录 E　特殊作业审批管理流程（参考模板）

表 E.1　××公司特殊作业审批流程

作业类别	作业分级	作业单位负责人	项目负责人	属地负责人	EHS 部意见	公司分管领导	公司安全生产第一责任人	有关水、电、汽、工艺、设备、消防、EHS 等部门会签意见	公司带班领导	当班班长验票	完工验收
动火作业	特级动火	★	★	★	★	★	★			★	★
	一级动火	★	★	★	★	★				★	★
	二级动火	★	★	★	★				◎	★	★
受限空间作业		★	★	★	★				◎	★	★
盲板抽堵作业		★	★	★	★				◎	★	★
高处作业	一级高处作业	★	★	★	★				◎	★	★
	二级高处作业	★	★	★	★				◎	★	★
	三级高处作业	★	★	★	★	★				★	★
	特级高处作业	★	★	★	★	★	★			★	★
吊装作业	一级吊装作业	★	★	★	★	★	★			★	★
	二级吊装作业	★	★	★	★	★				★	★
	三级吊装作业	★	★	★	★					★	★
临时用电作业		★	★	★	★						★
动土作业		★	★	★				★	◎	★	★
断路作业		★	★	★	★	★				★	★

附录 F 特殊作业分级与票证许可有效期

表 F.1 ×× 公司特殊作业分级与票证许可有效期

作业类别	作业分级	判定标准	作业票有效期
动火作业	特级动火	在火灾爆炸危险场所处于运行状态下的生产装置设备、管道、储罐、容器等部位上进行的动火作业（包括带压不置换动火作业）；存有易燃易爆介质的重大危险源罐区防火堤内的动火作业	8h
	一级动火	在火灾爆炸危险场所进行的除特级动火作业以外的动火作业，管廊上的动火作业按一级动火作业管理	8h
	二级动火	除特级动火作业和一级动火作业以外的动火作业。生产装置或系统全部停车，装置经清洗、置换、分析合格并采取安全隔离措施后，根据其火灾、爆炸危险性大小，经危险化学品企业生产负责人或安全管理负责人批准，动火作业可按二级动火作业管理	8h
受限空间作业	NA	进入进出受限，通风不良，可能存在易燃易爆，有毒有害物质或缺氧，对进入人员的身体健康和生命安全构成威胁的封闭、半封闭设施及场所的作业	8h
盲板抽堵作业	NA	在设备、管道上安装和拆卸盲板的作业	作业结束时间经作业方与发包方专人确认方可关闭作业
高处作业	一级高处作业	$2m \le h \le 5m$	8h
	二级高处作业	$5m < h \le 15m$	
	三级高处作业	$15m < h \le 30m$	
	特级高处作业	$30m < h$	

续表

作业类别	作业分级	判定标准	作业票有效期
吊装作业	一级吊装作业	m>100t	8h
	二级吊装作业	40t ≤ m ≤ 100t	
	三级吊装作业	m<40t	
临时用电作业	NA	在正式运行的电源上所接的非永久性用电	8h
动土作业	NA	挖土、打桩、钻探、坑探、地锚入土深度在 0.5m 以上；使用推土机、压路机等施工机械进行填土或平整场地等可能对地下隐蔽设施产生影响的作业	回填土石，恢复地面设施，经作业方与发包方专人确认方可关闭作业
断路作业	NA	生产区域内，交通主、支路与车间引道上进行工程施工、吊装、吊运等各种影响正常交通的作业	作业单位应清理现场，撤除作业区域、路口设置的路栏、道路作业警示灯、导向标等交通警示设施，并与发包部门检查核实，恢复交通，方可关闭作业

附录 G 特殊时间 / 段特殊作业申请、审批单

附录 G.1 特殊时间 / 段特殊作业申请、审批单

填表人： 填写日期： 年 月 日

<table>
<tr><td>申请部门</td><td></td><td>作业地点</td><td colspan="2"></td></tr>
<tr><td>作业名称</td><td colspan="2"></td><td>作业负责人</td><td></td></tr>
<tr><td>作业时间</td><td colspan="2"></td><td>现场负责人</td><td></td></tr>
<tr><td colspan="5">作业的危险性：</td></tr>
<tr><td colspan="5">作业前采取的安全措施：</td></tr>
<tr><td colspan="5">申请部门负责人意见：</td></tr>
<tr><td colspan="5">EHS 部门意见：</td></tr>
<tr><td colspan="5">公司主管领导意见：</td></tr>
</table>

说明：1. 支撑对象：《公司节假日厂内施工、作业项目开展情况》；2. 要求：各单位需进行作业时填写并履行审批手续；3. 保存期限一年。

附录 H　危险化学品企业特殊作业票证填写注意事项

一、动火安全作业票的填写和审批注意事项

1. 作业申请单位是指危化品企业中需要动火的属地单位或部门，不应是承包商或其他实施动火作业的单位。

2. 当本单位的动火作业可能影响到相邻单位时，应在动火安全作业票设置会签单位栏，并由受影响的相邻单位会签。若对相邻单位无影响，则不需要填写。

3. 动火人是指负责具体实施动火作业的人员。涉及电焊、热切割等特种作业时，应填写动火人的特种作业操作资格证号。不涉及特种作业时，则不填写特种作业证号。

4. 监护人是指由动火作业申请单位安排且经过危化品企业内部监护人安全培训合格，取得安全培训合格证（监护资格证）的人员。如要求动火实施单位增派监护人，该监护人应经危化品企业监护人培训合格。办理动火安全作业票时，应填写其安全培训合格证（监护资格证）证号。

5. 填写气体分析结果时，应同时填写气体采样部位。若在管道、设备、塔器等设备本体上动火，应填写动火点 10m 范围内环境气体分析结果及动火设备、管道、塔器内可燃气体分析结果。若在设备及管道外部环境动火，应填写动火点 10m 范围内可燃气体分析结果。若使用电焊机作业，电焊机与动火点的间距不应超过 10m，并在气体采样部位注明。如果电焊机等非防爆电气设备距离动火点超过 10m，则应将电焊机等非防爆电气设备视为另一个动火点，需要对电焊机等非防爆电气设备 10m 范围内进行可燃气体分析，并记录动火点及电焊机等非防爆电气设备周边的可燃气体分析结果。在氧气设备及富氧环境中动火作业时，应填写氧气检测分析结果。

6. 代表性气体是指动火作业部位或动火区域内可能存在的可燃气体、有毒气体的具体名称，如丙烷、甲醇、氯气等。若动火点不涉及可燃、有毒气体，代表性气体填写为不涉及可燃或有毒气体。在氧气设备及富氧环境中动火作业时，代表性气体填写氧气。

7. 应逐条确认安全措施，在是否涉及栏中填写是或否。安全措施中带括号的应填写具体数量，不涉及的填写 0。需要补充的其他安全措施，由编制人填写并签名，并由确认人确认后签名。

8. 企业动火作业安全管理制度应明确安全措施的确认人，由基层单位的作业监护人、班组长及以上人员担任和实施作业单位的现场作业人员担任，并分别明确申请单位确认的措施和实施单位确认的措施，不能由同一个人对所有的安全措施进行确认签名。

9. 安全交底人是指动火申请单位的动火作业所在基层单位的现场负责人。

10. 接受交底人是指参与实施动火作业的所有人员，包括动火人、作业负责人、监护人、辅助作业人员。

11.《危险化学品企业特殊作业安全规范》（GB 30871—2022）样票中的作业负责人是指负责实施动火作业单位的作业现场负责人，签票时应填写同意动火的意见并签名，时间填写到分钟。

12. 所在单位意见是指动火申请单位的意见，签票时应填写同意动火的意见并签名，时间填写到分钟。

13. 安全管理部门意见是指公司、分厂的安全管理部门的意见。由专职安全管理人员填写同意动火的意见并签名，时间填写到分钟。

14. 动火审批人意见是指具有审批动火安全作业票资格的相关人员的意见，审批时应填写同意动火意见并签名，时间填写到分钟。特级动火安全作业票由企业主要负责人或临时授权审批人（分管生产、技术、安全负责人、总工程师、安全总监）审批，授权审批采用一次授权方式，并且授权人应指派专人进行动火作业现场的监督管理。一级动火安全作业票由企业分管生产、安全负责人或安全总监审批；企业设立分厂、运行部的，可以由分厂、运行部的负责人、分管生产、设备、技术的负责人审批；二级动火安全作业票由企业属地负责人审批。

15. 所有审批的时间均应在动火分析合格结果出来之后，不得在动火分析时间前进行审批。

16. 由监护人或作业申请单位负责人验收，完工验收时间不得早于动火作业实际结束时间。

二、进入受限空间安全作业票的填写和审批注意事项

1. 作业申请单位是指危险化学品企业中进行受限空间作业的属地单位，不应是承包商或受限空间作业实施单位。

2. 受限空间名称是指进入或探入的受限空间，如某车间 R301 反应釜等。

3. 受限空间原有介质名称是指受限空间原涉及的可燃、有毒、有害介质名称或混合物的名称，如硫化氢等。

4. 作业单位是指进入受限空间实施作业的单位，可以是作业申请单位或承包商。

5. 作业人是指进入受限空间作业的所有人员，应填写进入受限空间的全部人员。

6. 监护人是指由受限空间作业申请单位安排且经过企业内部监护人安全培训合格，取得安全培训合格证（监护资格证）的人员。办理受限空间安全作业票时，应填写其安全培训合格证（监护资格证）证号。

7. 经风险辨识属于较大风险的受限空间作业，应按照《危险化学品企业特殊作业安全规范》（GB 30871—2022）第 6.8 条规定，增派监护人。

8. 气体分析时，若受限空间作业涉及动火作业的，应分析有毒气体浓度、可燃气体浓度、氧含量。涉及较大容积设备应填写上、中、下（或左、中、右）不同部位的分析数据。

9. 应逐条确认安全措施，在是否涉及栏中填写是或否。安全措施中带括号的

应填写具体数量，不涉及的填写 0。需要补充的其他措施，由编制人负责填写并签名，并由确认人签名。

10. 企业受限空间作业安全管理制度应明确安全措施的确认人，并分别明确申请单位确认的措施和实施单位确认的措施，不能由同一个人对所有的措施进行确认签名。

11. 安全交底人是指作业申请单位的作业负责人或技术、管理人员。

12. 接受交底人是指参与实施受限空间作业的所有人员、作业负责人、监护人。

13. 作业负责人指实施受限空间作业单位的现场负责人，签票时应填写同意作业意见并签名，时间填写到分钟。

14. 所在单位是指受限空间所在单位，签票时应填写同意作业意见并签名，时间填写到分钟。

15. 所有审批的时间均应在受限空间分析合格结果出来之后，不得在分析时间前进行签票和审批。

16. 由监护人或作业申请单位负责人验收，完工验收时间不得早于受限空间作业实际结束时间。

三、临时用电安全作业票的填写和审批注意事项

1. 申请单位是指危险化学品企业中进行临时用电作业的属地单位，不应是承包商或临时用电作业实施单位。

2. 临时用电作业人和临时用电作业负责人应填写有效的电工证证号。

3. 监护人是指由临时用电作业申请单位安排且经过危化品企业内部监护人安全培训合格，取得安全培训合格证（监护资格证）的人员。办理临时用电安全作业票时，应填写其安全培训合格证（监护资格证）证号。

4. 在运行的生产装置、罐区和具有火灾爆炸危险场所接用临时电源，不涉及动火作业时，不需办理动火安全作业票，但应对配电箱、电源接入点处的环境进

行可燃气体分析，分析合格结果填入临时用电安全作业票。

5. 动火、受限空间作业涉及临时用电时，应同时办理动火、受限空间安全作业票，用于动火、进入受限空间作业的临时用电时间应和相应作业的时间一致。用于动火作业的临时用电，若配电箱、电焊机等处于动火点 10m 范围内，且可燃气体分析合格数据已在动火安全作业票上记录的，临时用电安全作业票的可燃气体分析数据可以不填写，未在动火安全作业票上记录的，则应在临时用电票上填写。若超出动火点 10m 范围，则应对配电箱、电焊机等周围环境进行可燃气体分析，并将分析合格结果填写在临时用电安全作业票上。

6. 临时用电作业安全管理制度应明确安全措施的确认人，并分别明确申请单位确认的措施和实施单位确认的措施，不能由同一个人对所有的措施进行确认签名。

7. 审核、审批临时用电安全作业票时，应填写同意作业的意见并签名，时间填写到分钟。

8. 由取得电工资格证的作业负责人负责安全交底。

四、高处安全作业票的填写和审批注意事项

1. 作业申请单位是指危险化学品企业中进行高处作业的属地单位或负责维修、施工的单位，不应是承包商或高处作业实施单位。

2. 作业负责人是指高处作业实施单位的现场负责人。

3. 高处作业安全管理制度应明确安全措施的确认人，并分别明确申请单位确认的措施和实施单位确认的措施，不能由同一个人对所有的措施进行确认签名。

4. 监护人是指作业申请单位安排且经过危化品企业内部监护人安全培训合格，取得安全培训合格证（监护资格证）的人员。办理高处安全作业票时，应填写其安全培训合格证（监护资格证）证号。

5. 安全交底人是指危险化学品企业高处作业所在基层单位的现场负责人。

6. 接受安全交底人是指从事高处作业的所有人员、作业负责人、监护人。

7. 审核、审批高处安全作业票时，应填写同意作业的意见并签名，时间填写到分钟。

五、盲板抽堵安全作业票的填写和审批注意事项

1. 申请单位是指危险化学品企业中进行盲板抽堵作业的属地单位。

2. 作业单位是指实施盲板抽堵作业的单位，可以是申请单位、也可以是承包商等。

3. 作业负责人是指盲板抽堵作业实施单位的现场负责人。

4. 监护人是指作业申请单位安排且经过危化品企业内部监护人安全培训合格，取得安全培训合格证（监护资格证）的人员。办理盲板抽堵安全作业票时，应填写其安全培训合格证（监护资格证）证号。

5. 盲板抽堵作业安全管理制度应明确安全措施的确认人，并分别明确申请单位确认的措施和实施单位确认的措施，不能由同一个人对所有的措施进行确认签名。

6. 安全交底人是指作业申请单位负责盲板抽堵作业的现场负责人。

7. 接受安全交底人是指实施盲板抽堵作业的所有人员、作业负责人、监护人。

8. 审核、审批盲板抽堵安全作业票时，应填写同意作业的意见并签名，时间填写到分钟。

9. 一张盲板抽堵安全作业票只能进行一块盲板的一个作业。

六、吊装安全作业票的填写和审批注意事项

1. 申请单位是指危险化学品企业中进行吊装作业的属地单位。

2. 作业单位是指实施吊装作业的单位，如承包商等。

3. 作业负责人是指吊装作业实施单位的现场负责人。

4. 监护人是指作业申请单位安排且经过危化品企业内部监护人安全培训合

格，取得安全培训合格证（监护资格证）的人员。办理吊装安全作业票时，应填写其安全培训合格证（监护资格证）证号。

5. 吊装作业安全措施由吊装指挥人逐一确认签名。

6. 安全交底人是指吊装指挥人。

7. 接受安全交底人是指从事吊装作业的所有人员、作业负责人、监护人。

8. 审核、审批吊装安全作业票时，应填写同意作业的意见并签名，时间填写到分钟。

9. 应在吊装作业安全管理制度中明确吊装作业实施时间。

七、动土安全作业票的填写和审批注意事项

1. 申请单位是指危险化学品企业中进行动土作业的属地单位。

2. 作业单位是指实施动土作业的单位，如承包商等。

3. 作业负责人是指动土作业实施单位的现场负责人。

4. 监护人是指作业申请单位安排且经过危化品企业内部监护人安全培训合格，取得安全培训合格证（监护资格证）的人员。办理动土安全作业票时，应填写其安全培训合格证（监护资格证）证号。

5. 动土作业安全管理制度应明确安全措施确认的相关单位，涉及地下电力电缆、通信电（光）缆、局域网络电（光）缆、地下供排水、消防管线、工艺管线等的安全措施，分别由分管单位的人员确认签名。

6. 安全交底人是指申请单位负责动土作业的现场负责人。

7. 接受安全交底人是指从事动土作业的所有人员、作业负责人、监护人。

8. 审核、审批动土安全作业票时，应填写同意作业的意见并签名，时间填写到分钟。

9. 应在动土作业安全管理制度中明确动土作业实施时间。

八、断路安全作业票的填写和审批注意事项

1. 申请单位是指危险化学品企业中需要进行断路作业的属地单位。

2. 作业单位是指实施断路作业的单位，如承包商等。

3. 作业负责人是指断路作业实施单位的现场负责人。

4. 监护人是指作业申请单位安排且经过危化品企业内部监护人安全培训合格，取得安全培训合格证（监护资格证）的人员。办理断路安全作业票时，应填写其安全培训合格证（监护资格证）证号。

5. 安全措施应由申请单位逐项确认签名。

6. 安全交底人是指申请单位负责断路作业的现场负责人。

7. 接受安全交底人是指从事断路作业的所有人员、作业负责人、监护人。

8. 审核、审批断路安全作业票时，应填写同意作业的意见并签名，时间填写到分钟。

9. 断路作业实施时间，可以按断路作业项目的一个周期确定。

附录 I　特殊作业巡查记录卡

表 I.1　特殊作业巡查记录卡

作业项目：____________________

	周期	第 1 天	第 2 天	第 3 天	第 4 天	第 5 天	第 6 天	第 7 天
	日期							
特殊作业许可项目	动火作业	是 否	是 否	是 否	是 否	是 否	是 否	是 否
	高处作业	是 否	是 否	是 否	是 否	是 否	是 否	是 否
	受限空间作业	是 否	是 否	是 否	是 否	是 否	是 否	是 否
	临时用电作业	是 否	是 否	是 否	是 否	是 否	是 否	是 否
	盲板抽堵作业	是 否	是 否	是 否	是 否	是 否	是 否	是 否
	吊装作业	是 否	是 否	是 否	是 否	是 否	是 否	是 否
	动土作业	是 否	是 否	是 否	是 否	是 否	是 否	是 否
	断路作业	是 否	是 否	是 否	是 否	是 否	是 否	是 否
巡查记录（项目负责人、项目属地负责人、EHS 部等人员）								
日期	时间	巡查情况						签名

说明：参考监督巡查模板，非常建议采取新技术，采用电子信息化的闭环管理，监督全过程安全。

附录 J 受限空间特殊作业现场处置方案

附录 J.1 受限空间特殊作业现场处置方案（参考模板）

决策流程	事故发生→切断→上报→救援→现场急救→送医	
风险评估	事故类型：进入受限空间内部检修或清理作业时，由于内部含有有毒气体或氧含量不足会造成人员中毒、窒息；更可能会有淹溺、触电、机械伤害、高处坠落、吞没等情况发生	
	易发生场所：污水池 / 罐、污水井、化学品储罐、密闭空间、溶剂回收再沸器、塔器内等	
	危害程度：头晕、恶心、呕吐、晕倒、中毒、窒息、死亡	
	征兆：进入受限空间作业前未进行安全技术交底、未进行作业审批、无监护人、未在作业前通风且检测未合格、未正确使用或穿戴劳动防护用品、作业中断 30min 未重新检测等	
应急职责	处置职能	行动措施
	监护人	执行应急措施：1.1、1.2、1.3、1.4、1.7、②
	班组应急	执行应急措施：1.1、1.2、1.3、1.4、1.5、1.6、1.7、1.8、②
	车间应急	执行应急措施：1.1、1.2、1.3、1.4、1.5、1.6、1.7、1.8、②
	现场总指挥	启动专项应急预案

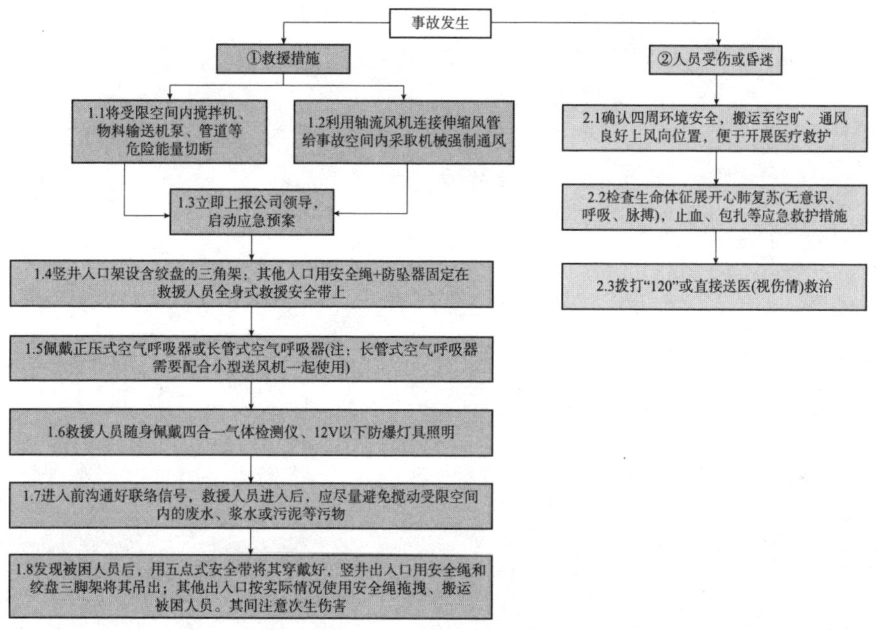

续表

注意事项	1. 受限空间作业时监护人等发现事故，必须立即检查并使用通风设施、呼吸防护装备、绳索、梯子等，并立即上报。 2. 救援人员佩戴气体分析仪，并最少有 2 名以上监护人员在外接应，并设置、佩戴好救援设备，内外保持联系；非经培训或应急小组人员，禁止救援。 3. 内部上报电话：×××××。 4. 难以救援时，禁止进入盲目施救，立即拨打 119 和 120 获取外部驰援，避免事故扩大化